爱尚
FASHION

新娘
化妆 + 发型 + 饰品制作
专业教程
（第2版）

❋ 彭雨轩 编著 ❋

人民邮电出版社
北 京

图书在版编目（CIP）数据

新娘化妆+发型+饰品制作专业教程 / 彭雨轩编著
. -- 2版. -- 北京：人民邮电出版社，2017.10
ISBN 978-7-115-45381-5

Ⅰ. ①新… Ⅱ. ①彭… Ⅲ. ①女性－结婚－化妆－造
型设计－教材②女性－结婚－发型－造型设计－教材
Ⅳ. ①TS974

中国版本图书馆CIP数据核字(2017)第230135号

内 容 提 要

　　这是一本讲解新娘化妆、造型、饰品制作的专业教程。在"新娘妆容解析篇"中，通过韩式优雅新娘妆、灵动芭比新娘妆、轻复古新娘妆、清新无痕裸妆、复古唯美新娘妆、中式秀禾新娘妆和清新自然新娘裸妆 8 款新娘妆，讲解了当下流行的化妆技法；在"新娘造型解析篇"中，包括短发造型转变系列、韩式马尾系列、空气灵动抽丝系列、浪漫法式系列、轻复古系列、森系编发田园系列、时尚高发髻系列、优雅盘发系列及中式秀禾系列，共计 42 款造型；"新娘饰品制作篇"以 8 款饰品为例，讲解了实用的手工饰品的制作方法，读者可以举一反三，用多种材料进行制作，以便搭配各类风格的造型。另外，本书附带下载资源，其中包括 3 款妆面和 16 款发型的教学视频。

　　本书适合影楼化妆造型师、婚礼跟妆师及相关培训学校的学生学习使用。

◆ 编　著　彭雨轩
　　责任编辑　赵　迟
　　责任印制　陈　犇

◆ 人民邮电出版社出版发行　　北京市丰台区成寿寺路 11 号
　　邮编　100164　　电子邮件　315@ptpress.com.cn
　　网址　http://www.ptpress.com.cn
　　北京盛通印刷股份有限公司印刷

◆ 开本：889×1194　1/16
　　印张：13.5
　　字数：474 千字　　　　　　　　　　2017 年 10 月第 2 版
　　印数：8 501－10 500 册　　　　　　2017 年 10 月北京第 1 次印刷

定价：118.00 元

读者服务热线：(010)81055410　　印装质量热线：(010)81055316
反盗版热线：(010)81055315
广告经营许可证：京东工商广登字 20170147 号

P前言
Preface

我从事化妆造型工作十年，仅仅是喜欢，就能让自己一直坚持下去。对于大多数人而言，喜欢自己的工作并且把它当成事业，那是求之不得的。而我应该算是那个幸运儿，一直在做自己喜欢的事情。

当接到写书的邀请时，我在激动中也有过一丝犹豫，担心做不到那么完美，但最终还是答应了。在写书的过程中，我靠信念支撑着自己——所有的事情只有当努力过后，方知是否可行。所以，我选择尽自己的努力去做好，把从业以来在造型方面积累的经验和技术分享给大家。本书也是我人生中的第一本书，其意义非凡。书中如有不足之处，还望读者见谅。

我在化妆造型行业主要涉足的项目是新娘跟妆及婚纱礼服租赁定制。在长期的工作中，经过努力和沉淀，我慢慢有了自己的感悟。我经常帮新娘挑选婚纱，我发现每个新娘在穿上婚纱的那一刻都有着自己独特的韵味，或似仙子或似公主。婚礼现场，浓郁的氛围使得新娘造型"唯美浪漫"的特色显现出来。在婚礼当天，新娘需要与来宾们面对面交流，妆容应以自然清透为主，不宜过重。艺术往往都是源于生活又高于生活的，化妆造型师要结合实际，将时尚元素运用到新娘造型中，或仙气，或唯美，或可爱，应以新娘的气质而定。我对自己的要求是使每位新娘的造型都不同，在此基础上，便会促使自己在技术方面有所创新并不断提升。化妆造型的核心是将每个必需的步骤做到极致，那便是已经开始迈向成功了。

本书介绍的实例为新娘造型的实用款，化妆造型师在影楼造型、婚礼跟妆或培训中皆适用。在这里，我分享一下自己在造型方面的心得：所有造型在手法方面万变不离其宗，一个造型使用的手法尽量不要超过三种，否则会显得烦琐；发饰在整个造型中的比重约为40%，应注意饰品的搭配。

最后，我要特别感谢在写书过程中辛苦付出的团队中的小伙伴，他们陪着我熬过了多个夜晚。他们是摄影师与后期师小C，文案编辑及助理张洁，策划冯一凡，饰品制作老师柳儿。感谢有你们相伴！

雨轩

资源下载说明

本书附带3款妆面与16款发型教学视频文件，扫描"资源下载"二维码，关注我们的微信公众号，即可获得下载方式。资源下载过程中如有疑问，可通过在线客服或客服电话与我们联系。在学习的过程中，如果遇到问题，也欢迎您与我们交流，我们将竭诚为您服务。

客服邮箱：press@iread360.com

客服电话：028-69182687、028-69182657

资源下载

扫描二维码
下载本书配套资源

目录
Contents

Bride
Makeup
新娘妆容
解析篇

Makeup 1
日系甜美新娘妆

日系妆以颜色混搭为主要特点，而且其轮廓分明，妆面干净利落，颜色鲜艳却不浓艳。日系底妆让人觉得通透、干净，并不是一味追求白，而是追求一种裸妆的感觉，所以，在粉底方面要选择比较轻薄的，其遮瑕力不需要太强，一切以自然为主。

Step 01
用粉底刷将粉底均匀地涂抹在脸部。要注意在涂抹粉底前做好补水工作，让底妆看上去白皙、透亮。

Step 02
用海绵按压面部，使粉底更伏贴，妆容更持久。

Step 03
用刷子蘸取定妆粉，在T区均匀地带过。

Step 04
选择栗色的眉笔，先将眉底线稍微加深，然后沿着眉毛的生长方向对眉毛进行描画。描画时要确保线条流畅，眉头要自然且颜色不宜太深。

Step 05
剪掉多余的和较长的眉毛，使边缘更干净。

Step 06
用眉刷沿着眉毛的生长方向轻刷眉毛，使眉形清晰，眉毛根根分明。

Step 07
使用深棕色的染眉膏，沿着眉毛的生长方向，以少量多次的方式染透眉毛，使眉毛根根分明。

Step 08
用弯头剪剪出一段与眼睛长度相近的美目贴，然后让新娘微闭眼睛以找到双眼皮褶皱线，将美目贴粘贴在褶皱线上。

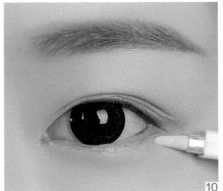

Step 09

用遮瑕膏在上眼睑部位打底，使眼影更加显色。

Step 10

用遮瑕膏在下眼睑部位打底，使眼影更加显色。

Step 11

用眼影刷蘸取玫粉色眼影，以平涂的方式涂抹上眼睑，要注意晕染时过渡自然。

Step 12

蘸取少量玫粉色眼影，由外眼角向内涂抹至内眼角处，要注意晕染自然。

Step 13

蘸取适量的眼影，在睫毛根部加深晕染。

Step 14

将下眼睑的三角区用同样的手法加深，注意晕染的面积不要太大。

Step 15

用睫毛夹反复夹睫毛，使其卷翘。注意内外眼角部位的睫毛也要夹到位。

Step 16

用小号眼线刷蘸取咖啡色眼线膏，描画眼线。注意眼线要画在睫毛的根部，眼线不要过粗、过宽。

Step 17

用眼线膏沿着外眼角描画眼线，将其自然拉出。

Step 18

将睫毛定型液刷在睫毛根部，使睫毛持久卷翘。

Step 19

选择梳子形的睫毛膏，呈Z字形轻刷睫毛，使睫毛根根分明。注意不要大量涂抹睫毛膏。

Step 20

选择自然款假睫毛，紧挨着睫毛的根部进行粘贴。真假睫毛的卷翘弧度需一致，避免分层。

Step 21

下睫毛比较稀少的新娘可以选自然款的下假睫毛，先将其剪成根状，然后粘贴在下睫毛的空隙处。

Step 22

用腮红刷蘸取粉色腮红，将其刷在颧骨的最高点，慢慢向四周晕开，要确保过渡自然、柔和。

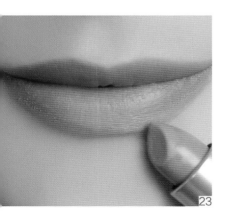

Step 23

选择玫红色系的口红，涂抹于唇部。涂抹时要确保唇色饱和，唇线边缘干净、完整。

Makeup 2
韩式优雅新娘妆

这款韩式新娘妆打造淡淡的棕橘色眼妆，配合咖啡色的眼线及自然无痕的假睫毛，使眼睛非常具有魅力。橘粉色的唇妆让新娘显得更加优雅、浪漫。

Step 01

在画底妆前，先用橘色的修颜膏遮盖眼部的黑眼圈。

Step 02

蘸取少量紫色修颜膏，遮盖黑眼圈涂抹橘色的位置，使颜色自然、柔和。

Step 03

用粉底刷将粉底均匀地涂抹在脸部。注意在涂刷粉底前做好补水工作，让底妆看上去白皙、透亮。

Step 04

用遮瑕膏打底，使眼影更显色。

Step 05

用眼影刷蘸取微珠光浅粉色眼影，以平涂的方式涂抹上眼睑，晕染要自然。

Step 06

蘸取棕橘色眼影，在眼尾处加深。涂抹时要确保颜色过渡自然。

Step 07

蘸取棕橘色眼影，由外眼角向内涂抹至内眼角处。要注意晕染自然。

Step 08

用睫毛夹反复夹睫毛，使其卷翘。注意内外眼角部位的睫毛也要夹到位。

Step 09

用小钢梳将夹翘的睫毛梳顺。

Step 10 ————

选择梳子形的睫毛膏，呈Z字形轻刷睫毛，使睫毛根根分明。不要大量涂抹睫毛膏。

Step 11 ————

用小号眼线刷蘸取咖啡色眼线膏，描画眼线。要注意在睫毛根部晕染眼线，眼线不要过粗、过宽。

Step 12 ————

选择自然款假睫毛，紧挨着睫毛的根部进行粘贴，然后将真假睫毛夹卷翘，弧度需一致，避免分层。

Step 13 ————

用眼线膏沿外眼角描画眼线，将其自然拉出。

Step 14 ————

用睫毛膏以少量多次的方式涂刷下睫毛，使其根根分明。

Step 15 ————

选择栗色眉笔，将眉底线稍微加深，然后沿着眉毛的生长方向对眉毛进行描画。描画时，要确保线条流畅，眉头要自然且颜色不宜太深。

Step 16 ————

用深棕色染眉膏，沿着眉毛的生长方向以少量多次的方式染透眉毛，使眉毛根根分明。

Step 17 ————

用腮红刷蘸取橘色腮红，刷在颧骨的最高点，慢慢向四周晕开，要确保过渡自然、柔和。

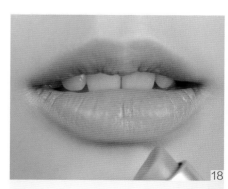

Step 18 ————

选择橘粉色系口红，涂抹唇部。涂抹时要确保唇色饱和，唇线边缘干净、完整。

Makeup 3
灵动芭比新娘妆

将眉毛在保持自然的基础上简单地修饰成形，使之具有力量感。利用浓密的假
睫毛塑造黑白分明、轮廓清晰的眼妆。

Step 01
完成底妆后，选择栗色眉笔，先将眉底线稍微加深，然后沿着眉毛的生长方向对眉毛进行描画。注意确保线条流畅，眉头要自然且颜色不宜太深。

Step 02
用遮瑕膏在眼部打底，使眼影更显色。

Step 03
用眼影刷蘸取棕橘色眼影，以平涂的方式涂抹上眼睑，且晕染要自然。

Step 04
用小号眼影刷蘸取深棕色眼影，在外眼角处加深晕染。

Step 05
用睫毛夹反复夹睫毛，使其卷翘。夹睫毛时需注意内外眼角部位的睫毛也要夹到位。

Step 06
用小号眼线刷蘸取咖啡色眼线膏，描画眼线。注意眼线要画在睫毛的根部，不要过粗、过宽。

Step 07
将睫毛定型液刷在睫毛根部，使睫毛持久卷翘。

Step 08
选择梳子形的睫毛膏，呈Z字形轻刷睫毛，使睫毛根根分明。不要大量涂抹睫毛膏。

Step 09 ——————————
用睫毛膏以少量多次的方式涂刷下睫毛，使其根根分明。

Step 10 ——————————
选择假睫毛，将其剪成三段，然后并排紧挨着睫毛根部进行粘贴。其中，第一段假睫毛沿眼尾处粘贴并适当拉长，以拉长眼形。

Step 11 ——————————
将第二段假睫毛紧挨着睫毛根部压住第一段假睫毛粘贴，注意要与第一段假睫毛自然衔接。

Step 12 ——————————
将最后一段假睫毛靠近内眼角粘贴，要确保三段假睫毛不分层。

Step 13 ——————————
将外眼角的眼影晕染面积加大，使新娘在睁开眼睛时可看到眼影即可。

Step 14 ——————————
用腮红刷蘸取棕橘色腮红，刷在颧骨的最高点，慢慢向四周晕开，要确保过渡自然、柔和。

Step 15 ——————————————————————
选择大红色系的口红，均匀地涂抹唇部，使唇色饱满自然，且唇部周围干净。

Makeup 4

轻复古新娘妆

在大多数新娘妆容中,运用减法比运用加法更重要。妆容中的重点越多,越容易使人显得成熟,风格特点也不易突出。在复古新娘妆容中,唇就是使风格突出的重点,对于大部分肤色偏黄的亚洲人来说,选择橘色系的口红能够给人比较柔和的印象,在容易显得成熟老气的复古妆中能起到"减龄"和加分的作用。

Step 01

选用干湿两用粉饼打底。

Step 02

选择栗色眉笔,将眉底线稍微加深,然后沿着眉毛的生长方向对眉毛进行描画。描画时要确保线条流畅,眉头自然且颜色不宜太深。

Step 03

用眉刷沿着眉毛的生长方向轻刷眉毛,使眉形清晰,眉毛根根分明。

Step 04

使用深棕色染眉膏,沿着眉毛的生长方向以少量多次的方式染透眉毛,使眉毛根根分明。

Step 05

用遮瑕膏在上眼睑部位打底,使眼影更显色。

Step 06

用遮瑕膏在下眼睑部位打底,使眼影更显色。

Step 07

蘸取浅棕色眼影,以团状的形式涂抹眼睑处。涂抹时要确保眼影的颜色自然、柔和。

Step 08

蘸取棕色眼影,由外眼角向内眼角加深眼影的层次,让眼影更立体,使眼神显得更深邃。

Step 09

用睫毛夹反复夹睫毛，使其卷翘。注意内外眼角部位的睫毛也要夹到位。

Step 10

将睫毛定型液刷在睫毛的根部，使睫毛持久卷翘。

Step 11

选择梳子形的睫毛膏，呈Z字形轻刷睫毛，使睫毛根根分明。注意不必涂抹太多睫毛膏。

Step 12

用睫毛膏以少量多次的方式涂刷下睫毛，使其根根分明。

Step 13

用腮红刷蘸取棕橘色腮红，刷在颧骨的最高点，慢慢向四周晕开，要确保过渡自然、柔和。

Step 14

选择丝绒亚光液体唇釉，均匀地涂抹唇部，使唇色自然、饱和，唇部周围干净。

Step 15

取雾面唇刷，在唇部边缘弱化唇线，使唇部自然、柔和，达到"减龄"的作用。

Makeup 5
清新无痕裸妆

"无痕裸妆"就是无妆感，给人一种清纯自然的感觉，让人产生一种亲和感。
虽然经过精心修饰，但并无刻意化妆的痕迹。

Step 01

完成底妆后，用遮瑕膏在眼部打底，使眼影更显色。

Step 02

蘸取米褐色眼影，以团状的形式涂抹上眼睑。涂抹时要确保眼影自然、柔和。

Step 03

由外眼角向内眼角涂抹下眼影，注意控制好上下眼影的范围。

Step 04

调整眼影的范围和层次。

Step 05

用小号眼线刷蘸取咖啡色眼线膏，描画眼线。注意要将眼线画在睫毛的根部，眼线不要过粗、过宽。

Step 06

用睫毛夹反复夹睫毛，使其卷翘，然后将睫毛定型液刷在睫毛根部。

Step 07

选择梳子形的睫毛膏，呈Z字形轻刷睫毛，使睫毛根根分明。注意不要大量涂抹睫毛膏。

Step 08

待涂抹的睫毛膏干透后，用睫毛钢梳将睫毛慢慢梳开，使睫毛更加自然、卷翘。

Step 09

将假睫毛剪成一束一束的，然后紧挨着睫毛根部，以填补的方式粘贴在睫毛的空隙处。粘贴时可在眼尾处将假睫毛适当拉长。

Step 10 ────

粘贴完成的效果展示。

Step 11 ────

用睫毛膏以少量多次的方式涂刷下睫毛，使其根根分明。

Step 12 ────

因为新娘的下睫毛比较少，所以选择自然款的下假睫毛，将其剪成根状，粘贴在下睫毛的空隙处。

Step 13 ────

选择灰色眉笔，将眉底线稍微加深，然后沿着眉毛的生长方向对眉毛进行描画。描画时要确保线条流畅，眉头要自然且颜色不宜太深。

Step 14 ────

用眉刷沿着眉毛的生长方向轻刷眉毛，使眉形清晰，眉毛根根分明。

Step 15 ────

用明彩笔将下眼睑提亮，以保证妆面干净。

Step 16 ────

用腮红刷蘸取橘色腮红，刷在颧骨的最高点，慢慢向四周晕开，要确保过渡自然、柔和。

Step 17 ────

选择橘色系的口红，均匀地涂抹唇部，使唇色自然、饱和，唇部周围干净，唇线清晰。

Makeup 6

复古唯美新娘妆

此款妆容颠覆了传统的复古感妆容，在保守中展现出万种风情，优雅而不媚俗。弱化眼妆和腮红，突出丰满且线条清晰的红唇，使新娘展现出柔美的女人味儿。

Step 01

完成底妆后，选择栗色眉笔，将眉底线稍微加深，然后沿着眉毛的生长方向对眉毛进行描画。描画时要确保线条流畅，眉头要自然且颜色不宜太深。

Step 02

用弯头剪剪出一段与眼睛长度相近的美目贴，将其粘贴在双眼皮褶皱线上。

Step 03

用遮瑕膏打底，使眼影更显色。

Step 04

用眼影刷蘸取粉色微珠光眼影，以团状的形式涂抹上眼睑，涂抹时要确保颜色自然、柔和。使用同样的粉色眼影将下眼睑由外眼角向内眼角涂抹。注意控制好上下眼影的范围。

Step 05

用黑色眼线液描画睫毛的根部。描画时要确保眼线的线条自然流畅，且睫毛空隙处不留白。

Step 06

用睫毛夹反复夹睫毛，使其卷翘。注意内外眼角部位的睫毛要夹到位。

Step 07

用小钢梳将夹翘的睫毛梳顺。

Step 08

选择梳子形的睫毛膏，呈Z字形轻刷睫毛。

Step 09

选择自然款的假睫毛，紧挨着睫毛的根部进行粘贴。注意真假睫毛卷翘的弧度需一致，避免分层。

Step 10

用睫毛膏以少量多次的方式涂刷下睫毛，使其根根分明。如果下睫毛比较少，可以选择自然款的下假睫毛，将其剪成根状，粘贴在下睫毛的空隙处。

Step 11

用明彩笔将下眼睑提亮，以保证妆面干净。

Step 12

用腮红刷蘸取棕橘色腮红，刷在颧骨的最高点，慢慢向四周晕开，要确保过渡自然、柔和。

Step 13

选择大红色系的口红，均匀地涂抹在唇部，使唇色自然、饱和，唇部周围干净。

Makeup 7
中式秀禾新娘妆

富丽的金色为中式新娘增添了雍容华贵之感，闪耀的色泽与金属感的妆容交相辉映，折射出新娘特有的高贵、温婉的韵味。中式新娘无论是妆容还是造型都比较素雅，却能十分有效地突出新娘的个人特色和温婉的气质。

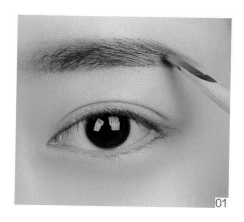

Step 01

完成底妆后，选择栗色眉笔，将眉底线稍微加深，然后沿着眉毛的生长方向对眉毛进行描画。注意要确保线条流畅，眉头要自然且颜色不宜太深。

Step 02

用遮瑕膏在眼部打底，使眼影更显色。

Step 03

用眼影刷蘸取棕橘色眼影，以平涂的方式涂抹眼睑，晕染要自然。

Step 04

用睫毛夹反复夹睫毛，使其卷翘。夹睫毛时需注意内外眼角部位的睫毛也要夹到位。

Step 05

用小号眼线刷蘸取咖啡色眼线膏，描画眼线。注意要将眼线画在睫毛的根部，眼线不要过粗、过宽。

Step 06

选择梳子形的睫毛膏，呈Z字形轻刷睫毛，使睫毛根根分明。注意不要大量涂抹睫毛膏。用睫毛膏以少量多次的方式涂刷下睫毛，使其根根分明。

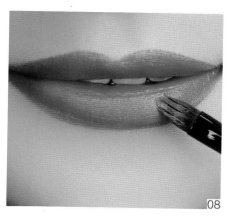

Step 07

用腮红刷蘸取橘色腮红，刷在颧骨的最高点，慢慢向四周晕开，要确保过渡自然、柔和。

Step 08

用大红色系的口红均匀地涂满唇部。

Makeup 8

清新自然新娘裸妆

眼妆要干净而清晰，这样才能散发出令人舒服的光泽感。睫毛膏和眼线膏是打造自然眼妆的关键。此款妆容时尚而自然，是婚礼中运用得非常多的新娘妆容之一。

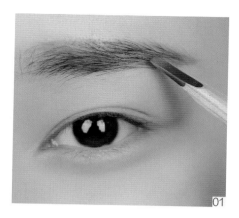

Step 01

完成底妆后，选择栗色眉笔，将眉底线稍微加深，然后沿着眉毛的生长方向对眉毛进行描画。描画时要确保线条流畅，眉头要自然且颜色不宜太深。

Step 02

使用深棕色染眉膏，沿着眉毛的生长方向以少量多次的方式染透眉毛，使眉毛根根分明。

Step 03

用遮瑕膏在上眼睑部位打底，使眼影更显色。

Step 04

用遮瑕膏在下眼睑部位打底，使眼影更显色。

Step 05

用睫毛夹反复夹睫毛，使其卷翘。夹睫毛时需注意内外眼角部位的睫毛也要夹到位。

Step 06

将睫毛定型液刷在睫毛的根部，使睫毛持久卷翘。

Step 07

用眼影棒蘸取白色珠光眼影，涂抹眼睑处，起到提亮眼周并使深色眼影更显色的作用。

Step 08

用眼影刷蘸取米褐色的微珠光眼影，以团状的形式涂抹上眼睑。涂抹时要确保颜色自然、柔和。

Step 09 ————————

同样使用米褐色眼影将下眼睑由外眼角向内眼角涂抹。注意控制好上下眼影的范围。

Step 10 ————————

用小号眼线刷蘸取咖啡色眼线膏，描画眼线。注意要将眼线画在睫毛的根部，眼线不要过粗、过宽。

Step 11 ————————

选择梳子形的睫毛膏，呈Z字形轻刷睫毛，使睫毛根根分明。注意不要大量涂抹睫毛膏。

Step 12 ————————

用睫毛膏以少量多次的方式涂刷下睫毛，使其根根分明。

Step 13 ————————

用明彩笔提亮下眼睑的下方，以保证妆面干净，起到提亮的作用。

Step 14 ————————

用腮红刷蘸取粉色腮红，刷在颧骨的最高点，慢慢向四周晕开，要确保过渡自然、柔和。

Step 15 ————————

用明彩笔遮盖唇部，让口红更显色。

Step 16 ————————

选择玫红色的口红，均匀地涂抹唇部，使唇色自然、饱和。取雾面唇刷，在唇部边缘弱化唇线，使唇部自然、柔和。

Bride Hairstyle

新娘造型
解析篇

短发造型转变系列

Hairstyle 1

唯美丸子头短发造型

造型手法：①花苞固定，②绕卷。

造型技巧：在做造型之前要做好分区，这样才能将短碎的发片结合起来；可以先将顶区长度类似的头发固定并做一个花苞的基底，然后将每个发片向上绕卷并固定。

Step 01

将头发用19号电卷棒烫卷，让头发有蓬松的效果。然后将顶区的发片用皮筋扎成马尾并固定。接着将马尾分为四个部分，取第一部分的发片，向后区绕卷，用发卡固定。

Step 02

继续取第二部分和第三部分的发片，向内打卷，然后用发卡固定，同时注意隐藏好发卡。

Step 03

继续取第四部分的发片，向内打卷并固定。固定发卷时要注意发包的弧度和饱满度。

Step 04

将后区下半部分的头发分层，取发片，向上卷并固定。要注意发片与花苞自然衔接，不要留缝隙。

Step 05

在侧区用同样的方法固定发片，同时隐藏发卡。要注意发片与花苞自然衔接。

Step 06

在前面发片的基础上向下取等量的发片，然后将其固定在之前两个卷中间的空隙中，让造型更饱满。

Step 07

将后区下面的头发依次以同样的方式处理。

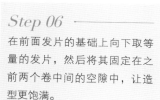

Step 08

将后区右侧的头发向内扣卷并固定，填补空缺位置。要注意发卷自然衔接。

Step 09

将后区左侧的头发以同样的方式处理，用发卡固定，同时隐藏发卡。

Step 10

取前区的头发并自然向后外翻，然后用发卡固定发尾，要注意与花苞自然衔接。抽松发丝，调整造型的饱满度，让造型呈现自然的松散感。最后喷上发胶定型。

Hairstyle 2

浪漫短发造型

造型手法：①冷却定型烫发，②卷筒。

造型技巧：由于头发比较短，需要用小号的电卷棒烫发，以使头发更蓬松；盘发过程中需要用到卷筒的手法，让造型更饱满；前区发丝卷度的处理要与后面整体造型相协调。

01

02

Step 01 ————————

将头发用19号电卷棒烫卷，然后以两耳的连接线为界将头发分为前后两个区，接着将前区的头发用发卡固定。

Step 02 ————————

在后区上方横向取发片，向后打卷并固定。固定时需用一只手固定发片，用另外一只手下发卡固定头发。发尾不用处理，待最后将剩余发片固定在空缺位置，使造型更加饱满。

03

04

05

Step 03 ————————

在后区左边取发片，向内扣卷并固定。将后区的头发以发包的弧度和饱满度进行内扣、外翻。将后区的头发盘起并打卷，固定时应确保头发形成自然的发包。

Step 04 ————————

将脑后的头发向上打卷并固定。

Step 05 ————————

在后区右边取发片，向内扣卷并固定。注意所取发片的宽度，以及打卷的大小和比例，以便及时利用余下的发片调整造型并填补空缺位置。

06

Step 06

在后区分层，取发片，向上打卷并固定。固定时需要隐藏好发卡。

07

Step 07

将底部的头发向上卷并固定，要注意与前一缕发片自然衔接，同时隐藏发卡。

08

Step 08

将后区底部剩余的头发用同样的方法固定好。

09

Step 09

在后区右侧取发片，向发包处内扣卷，填补空缺位置。要注意发卷自然衔接。

10

Step 10

将处理后的发卷进行调整，使整体呈现饱满的状态。

11

Step 11

取下前区头发并自然向后外翻。调整造型的饱满度，让造型呈现自然的松散感。最后喷上发胶定型。

韩式马尾系列

Hairstyle 3

简约韩式马尾造型

造型手法：①两股加编，②两股拧绳编发。
造型技巧：扎完马尾后，需要将后面的头发用气垫梳梳理出柔美的弧度。

Step 01

用25号电卷棒以内扣的方式将头发烫卷。烫发时，需要提拉发根，使发根更加蓬松。然后把头发分为前后两个区，将后区的头发用皮筋扎成低马尾并固定。

Step 02

在右前区取发片，将其分为均匀的两股。

Step 03

采用两股加编的手法编发。要注意前区头发与后区头皮的衔接自然，编发时辫子要松紧有度。

Step 04

将辫子编至耳后，直到前区头发全部加完，然后将剩下的头发以两股拧绳的手法编好。

Step 05

抽松并调整辫子，使其饱满，打造出凌乱、随意的感觉。

Step 06

将辫子绕过马尾的皮筋并下发卡固定，固定时需隐藏发卡。

07

Step 07

适当调整发丝，使造型饱满、蓬松。

08

Step 08

在左前区取发片，将其分为均匀的两股，采用两股加编的手法编发。

09

Step 09

继续以两股加编的手法编发。

10

Step 10

将辫子编至耳后，直至将前区头发全部加完，以两股拧绳的手法将剩下的头发编好。

11

Step 11

抽松发丝，使侧区饱满、蓬松。用辫子绕过马尾的皮筋并下发卡固定，固定时需隐藏发卡。

12

Step 12

将绕在马尾皮筋上的头发抽松，以调整造型的饱满度。将发饰佩戴在前区与后区头发之间，使整体衔接更自然。

Hairstyle 4

鲜花韩式马尾造型

造型手法：①扎低马尾，②绕发。

造型技巧：扎完马尾后，用气垫梳将头发梳理出柔美的弧度，将两侧区的头发顺着原有的卷度绕发；前区的头发需要体现出灵动感，可以在做完整体造型后用电卷棒将刘海区的头发重新烫出理想的弧度。

01

02

03

Step 01

用22号电卷棒将头发烫卷，然后用气垫梳将头发梳顺。接着将头发分为前后两个区，将后区的头发扎成低马尾，用皮筋固定。

Step 02

将左侧区的头发向后平拉，固定在马尾的皮筋处，要注意前区发片与后区自然衔接。

Step 03

将右侧的头发以同样的方式处理。基本是顺着头发原来的弧度处理造型的线条感。

04

Step 04

将前区剩余的发尾以卷筒的形式打卷并固定，固定时需隐藏发卡。

Step 05

取白色网纱发带并固定在前区的刘海处，注意隐藏发卡。

Step 06

为造型搭配紫色鲜花，让新娘更加优雅浪漫。

Step 07

用19号电卷棒将前区剩余的头发向后烫卷，然后调整发丝纹理，接着喷少量发胶定型。

05

06

07

Hairstyle 5

优雅韩式编发造型

造型手法：①三股加编，②两股加编，③抽丝。

造型技巧：盘发时注意顶区的发辫要饱满，稍微编松一点，然后向上提拉并用发卡固定。

Step 01
将头发用22号电卷棒烫卷并用尖尾梳梳顺。然后取顶区前半部分的头发，开始编三股辫。

Step 02
编一次三股辫之后，从左侧分层次加入头发，进行三加二编发处理。注意每一缕发丝都要整理干净再加编。

Step 03
采用三加二的手法向下编，直到脑后位置。注意编发时稍微编松一点，向上提拉，保持辫子的蓬松度。

Step 04
将编好的辫子固定于脑后位置。固定发卡的时候注意向上提拉辫子。

Step 05
取左侧区的头发，采用两股加编的手法编发。编发时要注意取发均匀，要保持发辫松紧有度。

Step 06
将两股加编的辫子向脑后方向编发，同时保持造型的饱满度。

Step 07
将编好的辫子进行抽丝，以填补造型空缺的位置。

08

09

10

Step 08
用无痕夹将编好的辫子固定。

Step 09
取右侧区的头发,采用两股加编的手法编发。

Step 10
将右侧区的头发用与左侧区同样的方式一直编完。

11

Step 11
将两侧区的头发编好后,用皮筋固定在脑后位置。

Step 12
将左右两侧区的发辫向上提拉,隐藏皮筋。

Step 13
将后区剩余的发尾根据头发原有的弧度进行打卷处理,用发卡固定,使造型更加饱满。

Step 14
喷发胶定型,调整造型的饱满度,使造型蓬松且具有线条感,发片与发片之间要衔接自然。

12

13

14

Hairstyle 6

优雅韩式马尾发带造型

造型手法：①扎低马尾，②水波纹。

造型技巧：虽然这款造型简单，但是对头发烫卷的要求严格，烫发的时候要统一朝一个方向均匀烫卷，这样马尾的优雅弧度才能得以展现。

01

02

03

Step 01

将头发用22号电卷棒以相同的方向烫卷并用尖尾梳梳顺。然后将头发扎成低马尾，用皮筋扎紧并固定。

Step 02

在马尾上取一缕头发。

Step 03

将所取的头发围绕皮筋固定好，注意遮盖住皮筋。

04

Step 04

用气垫梳将马尾梳顺，多梳理几遍，则纹理会更自然。

Step 05

根据前面已经梳理好的纹理找到水波纹的纹路，然后用两个钢夹相对叠加地固定头发，以便将头发固定成片，避免头发往外翻。

Step 06

喷适量发胶定型，待完全干透后，取下钢夹。

Step 07

将发带固定在前端，尾部丝带系成蝴蝶结，固定在马尾皮筋处。

05

06

07

Hairstyle 7

空气感低盘发造型

造型手法：①两股拧绳编发，②抽丝。

造型技巧：将所有头发分为两个拧绳区域，先将底部区域的头发固定，然后将顶区的发片紧贴底部区域，注意造型的饱满度；将整体造型完成后，看哪个位置有空隙，再将发丝扯出，以使整体造型更加饱满、灵动。

Step 01

将头发用22号电卷棒烫卷并用尖尾梳梳顺，然后将头发分为前后两个区，接着将后区的头发均匀分成两股并交叉。

Step 02

采用两股拧绳的手法将后区的头发编至发尾。

Step 03

将编好的头发向上绕圈，然后用U形卡固定在后区中部位置，同时隐藏发卡。

Step 04

将头发固定好后，调整第一个拧绳区域的整体形状。

Step 05

将前区的头发分为均匀的两股，分别用拧绳手法处理两股头发。

Step 06

拧绳的同时紧靠之前已经盘好的发髻，从右往左围绕发髻拧绳。

Step 07

将拧绳后的两股头发以同样的手法编至发尾。

Step 08

将拧好的发辫从右向左以顺时针方向固定。先用发卡固定发尾部分，然后固定中部，这样头发会更加牢固。

Step 09

将头发固定好后，适当抽松发辫与发尾，使其蓬松，使前后区自然衔接。

Step 10

抽丝的同时注意填补造型空缺的部位。

Step 11

将前区的头发适当抽松，然后用19号电卷棒向后烫卷头发。调整造型的饱满度，让造型呈现出自然的松散感，接着喷发胶定型。

Hairstyle 8

灵动高发髻盘发造型

造型手法：①扎高马尾，②拧绳，③抽丝。

造型技巧：整个造型以马尾为基础，固定马尾后，注意将前区的头发适当拉松，脑后的头发要相对紧凑；在前区扯出部分相对比较短的发丝，用直板夹烫出所需的纹理。

Step 01
将头发用22号电卷棒烫卷并用尖尾梳梳顺，然后扎成高马尾。

Step 02
将马尾前区的头发抽松并调整发丝，以增加甜美灵动感。

Step 03
在马尾中取发片，要注意发量适中，不能太少。将所取的发片平均分为两股。

Step 04
将两股头发做交叉拧绳处理。

Step 05
将拧好的两股辫抽松，保持头发的饱满度。

Step 06
将处理好的发辫缩成卷状，将其固定于扎马尾处。

Step 07
采用相同方法将马尾中的头发围绕并固定，适当调整发丝的纹理。

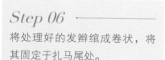

Step 08
继续将马尾中剩余的头发进行两股拧绳处理，适当抽松。

Step 09
将拧好抽松的发辫缩成发卷，围绕扎马尾处进行固定。固定发卷时，需注意观察发包的饱满度，及时进行调整。

Step 10
将前额发际线周围的发丝进行烫卷，喷少量发胶定型，打造出自然清新的感觉。

Hairstyle 9

灵动鲜花造型

造型手法：①扎马尾，②单结法，③卷筒。

造型技巧：头发的分区要以两耳的连接线分界，前区需要留有足够发量的头发，以便最后调整造型的饱满度；后区的低发髻在固定时要注意固定牢固，然后将脑后的头发拉松，使造型更加饱满。

01

02

Step 01

将头发用22号电卷棒烫卷并用尖尾梳梳顺，然后将头发分为前后两个区，接着将后区的头发用皮筋扎马尾并固定。

Step 02

将马尾分为均匀的两股，然后将马尾交叉打结并固定，要注意发辫的松紧度。

Step 03

将打结的发辫向上固定，同时隐藏好发卡。

Step 04

将剩余的发尾以同样的方式处理好并固定。

03

04

Step 05

在前区左侧取发片，进行打卷并固定。固定时，要注意与后区的发髻自然衔接。

Step 06

将剩余的发尾继续打卷，紧挨着之前的发卷固定。固定时，注意将发尾藏于卷筒中。

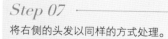

05

06

Step 07

将右侧的头发以同样的方式处理。

Step 08

抽松并拉宽刘海区的发片，使造型更具线条感，且更加饱满、不凌乱。

07

08

Hairstyle 10

唯美空气抽丝造型

造型手法：①扎马尾，②两股拧绳编发，③抽丝。

造型技巧：高发髻盘发的重点在于造型马尾底座的固定，然后将周边的发丝围绕底座中心固定，使造型更饱满。

Step 01 ———

将头发用22号电卷棒烫卷，然后取顶区的头发并用皮筋固定，抽松发丝。

Step 02 ———

将顶区固定的马尾平均分成两股，然后采用两股拧绳的手法进行处理。

Step 03 ———

将拧绳的头发拧至发尾。

Step 04 ———

将拧好的两股辫均匀地抽松。

Step 05 ———

将发丝抽松并环绕在皮筋处，做成花苞的形状，然后用发卡固定。

Step 06 ———

在发卷的左侧取发片，同样进行拧绳处理并抽松，使发辫蓬松且有线条感，再环绕在顶区发包上并用发卡固定。

Step 07 ———

在发包的下方取发片，将其拧绳后抽松，然后环绕并固定于发包上。

Step 08 ———

继续在发包的周围取发片，将其拧绳后抽松，然后环绕并固定于发包上。

Step 09 ———

将右侧发片以同样的方式处理。注意调整整体造型的饱满度。

Step 10 ———

将右侧刘海区用同样的方式处理。注意造型的两边需对称。

Step 11 ———

将左侧剩余的头发继续做拧绳处理后抽丝，然后将其固定于发包上。喷发胶，固定发丝。

Hairstyle 11

唯美空气低盘发造型

造型手法：①烫卷，②两股拧绳编发，③抽丝。

造型技巧：此款造型的技巧在于发饰的佩戴顺序，先分出刘海区，待后区的头发盘好，将发带佩戴好并固定，然后将刘海区的头发烫出完整的弧度。

Step 01

将头发用22号电卷棒烫卷并用尖尾梳梳顺，然后将头发分为刘海区和后区。

Step 02

将后区的头发分为均匀的两股并拧绳。

Step 03

采用两股拧绳的手法一直编至发尾，注意发辫的松紧度。

Step 04

将编好的发辫向上绕圈并用发卡固定，同时隐藏发卡。

Step 05

将准备好的发带固定在刘海区与后区之间。

Step 06

将刘海区左前方的头发向后固定于发包上，注意隐藏发卡。

Step 07

将右前方的头发按烫发原有的纹路向后固定于发包之上并下发卡固定。

Step 08

抽松并调整发丝，然后喷发胶定型。这样可以让造型更具线条感和层次感，饱满而不凌乱。

Hairstyle 12

唯美鲜花造型

造型手法：①三股加编，②抽丝。

造型技巧：这款造型以中间的辫子为基础，将两边的辫子环绕中间部分，使其形成花环状，然后抽丝并调整发丝的弧度。

Step 01
将头发用22号电卷棒烫卷并用尖尾梳梳顺，然后涂抹适量的发油，使头发顺滑、有光泽。

Step 02
在顶区取一股头发，将其分为均匀的三股。

Step 03
用三加二的手法编发，然后抽松发丝，让其更显随意、灵动。

Step 04
将抽松的发辫固定在枕骨处。

Step 05
在左侧区取头发，沿着编好的发辫边缘用三加二的手法编发。

Step 06
将头发编至枕骨处，用三加一的手法继续编发。

Step 07
将编好的发辫向上绕至头顶，然后固定在顶区。

Step 08
将右侧的头发以同样的方式处理。

Step 09
用19号电卷棒将前区剩余的头发向后烫卷，使造型更显丰盈、飘逸。

Step 10
调整发包的饱满度，使其协调。取鲜花发饰，将其点缀在发辫之间。

Hairstyle 13

法式梦幻盘发造型

造型手法：①拧绳，②三股加编，③两股抽丝编发。

造型技巧：此款造型为蕾丝发带造型，分前后两个区域定型；法式造型主要以编发为主，运用编发的手法将后区的头发固定；前区要饱满，运用两股抽丝编发和向前内卷的方式打造出复古的效果。

Step 01
用22号电卷棒将头发烫卷，然后将头发分为前后两个区，接着用拧绳的手法进行两股拧绳处理。

Step 02
拧绳时需保持发辫松紧有度，且拧成的发辫要饱满蓬松。

Step 03
在右侧区取头发，进行拧绳处理。

Step 04
将拧绳处理后的头发用三加二的手法进行编发。

Step 05
将辫子编至后区，直到头发加完为止，然后将辫子抽松并固定在头顶处。

Step 09
将发辫缩成发卷，将其固定在空隙处。最后佩戴蕾丝发带。

Step 06
将左前区的头发以拧绳的手法处理，然后向右后方固定。要注意发卷与发卷之间自然衔接，保持发卷饱满才能使其衔接得更自然。

Step 07
将刘海区的头发顺着烫发的纹路向前进行打卷处理，使处理完成的头发呈现饱满的卷筒状，然后用发卡固定。

Step 08
将剩余的头发用两股抽丝编发的手法进行处理。

Hairstyle 14

法式优雅盘发造型

造型手法：①烫卷，②绕发。

造型技巧：优雅风格的造型多以低盘发为主，后区采用绕发的手法处理，前区根据刘海原有的纹路分片处理，再通过发胶定型。

Step 01

将所有头发用22号电卷棒烫卷，然后从头发的根部将发卷打散，接着在顶区取发片，用发卡固定。

Step 02

从左侧取发片，以向外绕卷的方式将发片固定。

Step 03

从右侧取发片，以向外绕卷的方式将发片固定。注意两侧绕卷要对称。

Step 04

以同样的方式在后区左边取发片，绕卷并固定。注意将发尾收好。

Step 05

在后区右边取等量的发片，向上绕卷，将发尾收紧并固定。

Step 06

在右侧区取等量的发片，向上绕卷并固定，将发尾保留。

Step 07

在左侧区取等量的发片，向上绕卷并固定，将发尾保留。

Step 08

将剩余的发尾向上绕卷，以填补空缺的位置。

Step 09

将左侧刘海区的头发调整好弧度，向后绕卷并固定。注意处理好发尾部分衔接的位置。

Step 10

将右侧刘海区的头发调整好弧度，向后绕卷并固定。注意处理好发尾部分衔接的位置。

Step 11

根据刘海原有的纹理分发片整理好刘海的弧度并定型。

Hairstyle 15

清新法式编发造型

造型手法：①烫卷，②三股加编，③抽丝。

造型技巧：整个造型用三条三股加编的辫子进行组合；造型过程中，中间辫子的发量要多于两条侧区辫子的发量；将整个造型固定好后，向空隙处将发丝抽丝，修饰造型。

Step 01
用22号电卷棒以朝前卷的方式将头发烫卷。然后用手从头发的根部将头发打散，使头发更蓬松。接着将顶区的头发平均分为三股。

Step 02
将顶区的三股头发交叉并开始编三股辫，打好基础。

Step 03
编一次三股辫之后，在左边取相同发量的发片，进行三加二编发。

Step 04
继续使用三加二的手法将头发编至发尾。编发时注意保持发辫的蓬松度。

Step 05
将头发一直编织到发尾后用皮筋固定。

Step 06
将右侧的头发使用三加二的手法进行编发。编发时要注意均匀地取发。

Step 07
从两边提取发片，编发时手贴头皮，保持发辫与发辫之间自然衔接。

08

09

10

Step 08

采用同样的手法将头发编至发尾。

Step 09

编好后，与中间的三股辫一样在发尾用皮筋固定。

Step 10

左侧头发以同样的方法进行编发，然后用皮筋固定。

11

Step 11

用皮筋将编好的三条辫子固定成马尾。固定好后用手将顶区的头发拉蓬松。

Step 12

用小皮筋在马尾三分之一的地方固定。

Step 13

用小皮筋在马尾三分之二的地方固定。

Step 14

将马尾以绕圈的方式往上盘，用发卡固定。注意发卡要固定在固定皮筋的地方，这样盘发会更牢固。

12

13

14

轻复古系列

Hairstyle 16

法式宫廷盘发造型

造型手法：①冷却定型烫卷，②卷筒。

造型技巧：先将头发烫卷后按原有的纹路定型，然后拆掉发卡，不要将头发打散；将每个发片根据原本的纹理整理好，喷发胶定型，迅速完成造型。

Step 01

用22号电卷棒将头发烫卷，边烫卷边用小钢夹固定发卷。烫发时，注意均匀地分取发片。

Step 02

烫好头发后取下发卡，保持头发原有的纹路。

Step 03

在顶区取发片，向内打卷，用发卡将其固定。注意按烫发原有的纹路固定。

Step 04

继续取发片，以同样的方式处理。处理完成后要确保与前面的发卷自然衔接。

Step 05

将后区剩余的发片同样向内打卷，打卷完成后将其固定。注意让造型的下部更显圆润。

Step 06

将右侧前区的头发以同样的方式处理。要注意卷筒的饱满度和大小比例，以便及时利用余下的发卷进行调整。

Step 07

将左侧前区的头发朝前打卷并固定，打造法式梦幻感。

Step 08

将刘海区的头发抽松并进行调整，使整个造型饱满圆润。

Hairstyle 17

法式轻复古帽饰造型

造型手法：①烫卷，②三股加编。

造型技巧：整体造型以帽饰为主；编发的时候，后区的头发与帽饰衔接，要呈现饱满的状态；用前区的刘海对造型进行修饰，整体造型完成后，用电卷棒调整刘海的纹理。

Step 01

将头发用22号电卷棒烫卷并用尖尾梳梳顺，然后分出前区的头发。将顶区的头发固定在枕骨处，形成发包。

Step 02

将刘海区三七分开，然后将左侧的头发用三加二的手法编发。

Step 03

将发辫沿发际线编至耳后，编发时要注意取发均匀，保持发辫松紧有度。

Step 04

将头发编至发包处，然后用三加一的手法继续编发。

Step 05

将编好的发辫围绕发包并用发卡固定在右侧。

Step 06

采用同样的方法将刘海区右侧的头发编至发尾。

Step 07

将编好的发辫以同样的方式固定。注意隐藏发卡，避免出现缝隙，要与第一条发辫自然衔接。

Step 08

将帽饰戴在头顶偏左侧的位置，要注意与头发自然衔接。

Hairstyle 18

复古水波纹造型

造型手法：①烫卷，②卷筒，③外翻卷。

造型技巧：水波纹的纹理处理的关键在于前面烫发的基础要到位，所有头发都要朝同一个方向烫卷，往前或往后都可以；烫完卷后，将头发打散，接着用气垫梳多次梳理，头发自然会呈现出和水波一样的纹理，然后顺着纹理下无痕夹定型。

Step 01

用25号电卷棒将头发烫卷。烫发时注意方向要一致，分取发片要均匀。然后将烫好的头发梳顺；如果头发比较毛糙，可适量涂抹发油或发蜡，使头发柔顺。

Step 02

将头发分为刘海区、左前区、右前区和后区，然后分别梳理头发，使其光滑柔顺，要控制波纹的宽度比例。

Step 03

将后区的头发梳顺，用钢夹夹住耳后的头发。继续顺着烫发的弧度和纹理用尖尾梳梳顺并用钢夹固定。

Step 04

用钢夹固定头发时，可用两个钢夹从两侧相对固定，这样便于将头发固定成片，要保持头发整齐。

Step 05

将剩余的头发按烫发本身的波纹弧度用钢夹固定，使发丝伏贴。

06

Step 06
喷适量发胶，将整理后的头发定型。

07

Step 07
将右前区的头发梳顺，向后方进行翻卷处理
并固定。

08

Step 08
把刘海区和左前区的头发按烫发的纹路向后
以卷筒的形式进行外翻并固定。

09

Step 09
将前区翻卷后剩余的发尾再次打卷并固定。
注意打卷后的头发需与第一个发卷均匀分布
在后区第一个波纹处。

10

Step 10
喷适量发胶，整理头发并将其定型。

11

Step 11
待发胶完全干透后，取下钢夹。

Hairstyle 19

轻复古低盘发造型

造型手法：①烫卷，②打卷。

造型技巧：烫发时需朝同一个方向烫卷，使头发保持顺畅的纹理；发髻部分先用发胶定型，待成形后再调整整体造型。

Step 01

将头发用19号电卷棒烫卷并用尖尾梳梳顺。如果头发毛糙,可涂抹适量的发油或发蜡,使头发柔顺、有光泽。

Step 02

将左右两侧的头发梳顺,然后用钢夹夹住耳后的头发并固定在枕骨处。

Step 03

用尖尾梳梳顺头发,用皮筋固定发尾。

Step 04

按烫发时的弧度用空心卷向内打卷的手法进行处理,用发卡将其固定,使卷筒垂于肩部上方。

Step 05

调整发卡,使造型的弧度更加柔美。

Step 06

喷适量发胶定型。

 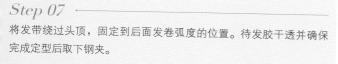

Step 07

将发带绕过头顶,固定到后面发卷弧度的位置。待发胶干透并确保完成定型后取下钢夹。

Step 08

最后调整整体造型的细节部分。

Hairstyle 20

轻复古法式盘发造型

造型手法：①冷却定型烫发，②绕发。

造型技巧：将头发用22号电卷棒烫卷，从头发根部打散发丝，再根据头发烫卷的纹路用绕卷的方式盘发并固定。

Step 01

将头发用22号电卷棒烫卷，然后从头发根部打散，让发尾的发丝保持弹性和蓬松度。接着将皇冠发饰固定在刘海区与后区之间。

Step 02

将左侧刘海区的头发往后绕卷，用发卡固定。注意保持头发的饱满度与原有的发卷纹路。

Step 03

继续取发片并打卷。注意完成的发卷需与第一个发卷自然衔接。

Step 04

取后区左侧的发片，将其继续打卷。使处理后的发卷与之前的发卷自然衔接。

Step 05

将右侧的头发以同样的方式向上卷起并固定，同时隐藏发卡。注意头发的饱满程度。

Step 06

将固定好的头发与左侧的头发自然衔接，不要留缝隙。对造型适当调整，使其更加饱满。

Hairstyle 21

轻复古水波纹造型

造型手法：①烫卷，②打卷。

造型技巧：水波纹的纹理处理关键在于烫发要到位，烫发的时候，所有卷都要朝同一个方向，往前或往后都可以；烫完卷后，将头发打散，接着用气垫梳多次梳理，头发自然会呈现出和水波一样的纹理，然后顺着纹理用无痕夹定型即可。

Step 01

将头发用22号电卷棒烫卷，烫发时注意头发朝同一个方向烫卷，将烫好的头发梳顺。然后将头发分为刘海区与后区。接着将后区的头发梳顺，按烫发时的弧度用钢夹夹住耳后的头发。固定钢夹时，可用两个钢夹从两侧相对固定，这样便于将头发固定成片。

Step 02

继续用尖尾梳梳顺头发，如果头发毛糙，可涂抹适量的发蜡，使头发柔顺、伏贴。

Step 03

将所有剩余的头发都按烫发本身的波纹弧度用钢夹固定，要保持发丝的伏贴。

Step 04

检查并调整造型的弧度。

Step 05

将发饰戴在刘海区与后区之间，要注意自然衔接。

Step 06

将刘海区的头发梳理整齐后，以打卷的方式进行固定。

Step 07

将刘海的发尾以同样的方式处理。处理完成后，注意与第一个发卷的空隙。

Step 08

喷适量发胶定型，待发胶干透后取下钢夹，调整波纹。头发翘起等未定型的地方，可用发卡进行固定，同时注意隐藏发卡。

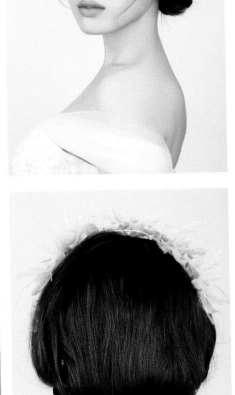

Hairstyle 22

温婉低盘发造型

造型手法：①倒梳，②打卷。

造型技巧：将所有头发分为三个部分，分别朝内扣卷；在刘海区留出两缕发丝，用于最后调整造型的柔和度；搭配质感轻盈的发饰，点缀造型。

01

02

03

Step 01

将头发用22号电卷棒烫卷并用尖尾梳梳顺，然后分为前后两个区，接着将前区的刘海四六分开。

Step 02

取后区顶部的头发，将其横向分片，将头发均匀地倒梳。

Step 03

将倒梳的头发的表面梳理光滑，用皮筋固定后区头发的发尾。然后将发辫向下以内卷的方式进行打卷处理，用发卡将其固定。

04

Step 04

将左前区的发片梳理光滑并拢在手中。

Step 05

将发片进行打卷并固定。要注意与后区的发包自然衔接。

Step 06

将剩余的发尾继续打卷，将其紧挨着之前的发卷固定。

Step 07

将右前区的头发以同样的方式进行处理，要注意发丝干净且不毛糙。最后从刘海区取两缕头发，以修饰造型。

05

06

07

森系编发田园系列

Hairstyle 23

森系两股抽丝编发造型

造型手法：①扎马尾，②两股拧绳编发，③抽丝，④8字卷。

造型技巧：将所有头发分为前后两个区域，发量要均等；将后区的头发扎马尾，将前区的头发用两股拧绳的手法分层次向马尾处固定；用抽丝的手法让顶区的头发更加饱满。

Step 01
将头发用22号电卷棒烫卷并用尖尾梳梳顺，然后将头发分为前后两个区。接着将后区的头发扎成低马尾，用皮筋将其固定。

Step 02
在前区竖向取发片，将其分为均匀的两股。

Step 03
将所取的头发采用两股拧绳的手法编发，将辫子适当抽松，然后围绕马尾处固定。

Step 04
在前区左侧竖向取发片，同样用两股拧绳的手法进行编发。用抽丝的手法将发辫抽松后固定。

Step 05
将前区左侧剩余的头发以同样的方式处理并固定。注意发片之间要自然衔接。

Step 09
用19号电卷棒将前区剩余的头发向后烫卷。调整发丝，喷发胶定型，让造型更显丰盈、飘逸。

Step 06
采用同样的方式将前区右侧的头发全部处理好。注意留出一缕头发。

Step 07
将编好的发片围绕并固定在马尾处，隐藏皮筋。注意发辫之间的衔接和过渡要自然。

Step 08
将马尾的尾部头发以8字卷的形式向上打卷，然后用皮筋在尾部进行固定。

Hairstyle 24

森系两股编发造型

造型手法：①两股拧绳编发，②两股加编，③三加二编发。

造型技巧：先用两股拧绳的手法编发，然后将编好的两股辫用三加二的方法组合编发；编发的过程中，要注意使发丝显得饱满。

Step 01 ————

用22号电卷棒将发尾烫卷，然后将头发分为前后两个区。在后区左侧耳朵上方取发片，将其均匀地分为两股。

Step 02 ————

将发片进行两股拧绳处理，然后适当抽松。

Step 03 ————

将编好的发辫用小钢夹固定。

Step 04 ————

取右侧耳上方的发片，将其均匀地分为两股。

Step 05 ————

采用两股拧绳的手法将头发编到发尾。

Step 06 ————

采用抽丝的手法将发辫抽松。

Step 07 ——————————
后区左右两侧的拧绳发辫完成。

Step 08 ——————————
在右侧刘海区取发片，然后分为两股。

Step 09 ——————————
采用两股加编的手法将右侧刘海区的头发进行编发处理。

Step 10 ——————————
将发辫沿着发际线编至耳后。编发时要注意取发均匀，要保持发辫松紧有度。

Step 11 ——————————
在左侧刘海区取发片，然后分为两股。

Step 12 ——————————
采用两股加编的手法将左侧刘海区的头发编好。

Step 13 ────────

四条发辫完成。

Step 14 ────────

采用三加二的手法将已经编好的发辫组合在一起。

Step 15 ────────

编发时注意发辫的松紧度。

Step 16 ────────

将编好的发辫抽松。

Step 17 ────────

调整整个造型的细节，让造型更加饱满、飘逸。

Step 18 ────────

将发辫和剩下的头发用皮筋固定，然后在固定的位置佩戴饰品。

Hairstyle 25

森系两股抽丝披发造型

造型手法：①烫卷，②两股拧绳编发，③抽丝。

造型技巧：整体造型以披发定型，烫发时发卷要朝同一个方向，将发卷的发尾打造出漂亮的卷度；处理两股拧绳编发时要注意抽丝的细节，披发造型不必抽得太过夸张，要自然一点。

Step 01

将头发用22号电卷棒烫卷并用尖尾梳梳顺，然后取发箍并固定在顶区。接着在左侧刘海区取发片，将其均匀地分为两股。

Step 02

将头发进行两股拧绳编发处理，然后抽松发丝，使发辫蓬松且有线条感。接着将其固定在枕骨处。

Step 03

将右侧刘海区的头发以同样的方式处理。

Step 04

将左侧刘海区剩余的发片同样进行拧绳处理，然后将拧好的辫子抽松，使发辫蓬松且有线条感，用发卡将其固定。

Step 05

将右侧刘海区剩余的头发以同样的方式处理。要注意发辫之间自然衔接。

Step 06

继续将左侧区的头发以同样的方式处理并固定。注意隐藏发卡。

Step 07

将右侧区的发片拧绳后抽松并固定。注意左右两边的发辫需对称。

Step 08

调整发辫的饱满度。喷发胶，固定发丝。

Hairstyle 26

森系三股编发造型

造型手法：①两股拧绳编发，②三股辫编发，③三股加编。

造型技巧：整体造型类似马尾造型，先用两股拧绳手法分区域整理，然后用三股编发的手法使造型成形。

Step 01

将头发用22号电卷棒烫卷并用尖尾梳梳顺，然后将头发分为前后两个区。将后区的头发用两股拧绳的手法拧成发辫。

Step 02

将拧好的发辫用三股辫编发的手法进行编发。

Step 03

将发辫向下编至发尾，用皮筋将其固定。注意使发辫松紧有度。

Step 04

将发辫扎成马尾，然后适当抽松发丝。

Step 05

将前区左侧的头发用三加一的手法编至耳后，抽松发丝。

Step 06

将编好的发辫固定在马尾处。

Step 07

将前区右侧的头发用同样的手法进行编发。

Step 08

将编发剩余的发尾围绕马尾发辫的纹路缠绕并固定，同时注意隐藏发卡。最后在发辫上点缀饰品。

Hairstyle 27

森系四股编发造型

造型手法：①烫卷，②四股加编发，③四股编发。

造型技巧：烫发时朝同一个方向烫卷，以保持披发造型漂亮的纹理；用四股加编的手法将头发编成花环形，然后搭配森系的鲜花。

01

02

03

Step 01

将头发用22号电卷棒烫卷并用尖尾梳梳顺，然后涂抹适量的发油，使头发顺滑、有光泽。

Step 02

将刘海进行中分，然后用四股加编的手法对右侧刘海区的头发进行编发。

Step 03

将发辫沿发际线编至耳后，然后用四股编发的手法继续编发。编至发尾后，用皮筋固定。

04

Step 04

将刘海区左侧的头发用同样的方式处理。

Step 05

编至发尾后，用皮筋固定。

Step 06

将左右两侧编好的发辫经过枕骨区向上绕至头顶，然后固定在顶区。

Step 07

调整发辫的饱满度，使其自然衔接。最后围绕发辫点缀饰品。

05

06

07

Hairstyle 28

森系甜美三股编发造型

造型手法：①三股加编，②抽丝。

造型技巧：先将造型中间部分用三加二的手法编发，注意造型的蓬松度；两侧区的头发用两股加编的手法朝中间靠拢，抽丝的同时注意调整发片间的间隙。

01

02

Step 01
将头发分为前区和后区。

Step 02
用25号电卷棒以内扣的方式将头发烫卷。取后区顶部前半部分的头发，用三加二的手法编发。

Step 03
将头发编到发尾，适当抽松头发，然后用小皮筋将其发尾固定。

Step 04
在前区右侧取头发，然后采用两股加编的手法编发。注意头发要往后区发辫的方向编。接着将编好的头发固定在后区发辫发尾的下方。

03

04

05

06

Step 05
将前区左侧的头发以同样的方式处理。然后将左侧的发辫穿过后区的发辫，使两条发辫更加贴合、饱满。

Step 06
将左侧区剩余的头发用同样的方式处理并固定。然后在头发两侧抽丝，使整个造型饱满、蓬松。

Step 07
用19号电卷棒以内扣的方式将头部两侧的碎发烫卷，使造型更饱满、轻盈。

Step 08
将蝴蝶饰品固定在侧区与后区的衔接处。

07

08

Hairstyle 29

森系甜美三股加编造型

造型手法：①三股加编。②抽丝。③拧绳。

造型技巧：将马尾用皮筋固定，将皮筋向上推拉，马尾部分才会比较饱满；编发时抽松发丝，使造型更加自然、蓬松。

01

02

0

Step 01

用25号电卷棒以内扣的方式将头发烫卷，然后将头发分为前后两个区。将前区的头发二八分，接着将后区的头发梳顺，用皮筋扎成马尾，注意马尾位于发际线最低处。

Step 02

在前区右侧取头发，分为均匀的两股。

Step 03

用两股加编的手法编发。编发时辫子不宜过紧。

04

Step 04

编至耳后时，将编好的头发适当抽松。

Step 05

将编好的辫子从上至下绕过马尾。注意绕过马尾时需要用另一只手固定头发。

Step 06

将剩余的发尾绕在马尾皮筋处，遮住皮筋，下发卡固定辫子。

Step 07

在前区左侧取发片，分为均匀的三股。

05

06

0

Step 08
将前区左侧的头发用三股加编的手法向左侧编发。

Step 09
编至耳后，用三股辫编发的手法继续编发，直至发尾。

Step 10
将编好的头发适当抽松。

Step 11
将编好的辫子从上至下绕过马尾并固定。固定时需要隐藏发卡。

Step 12
将后区马尾分为两股，然后顺着卷发的方向拧绳。分别在马尾二分之一处和尾部用皮筋固定。

Step 13
用19号电卷棒将头部两侧的发丝烫卷，使发丝有自然灵动的感觉。

Step 14
在头发侧区、马尾皮筋处用永生花点缀。

Hairstyle 30

法式轻复古高发髻造型

造型手法：①扎马尾，②烫卷，③抽丝。

造型技巧：将头发分为简单的两个区，中间用发带固定；将头发烫卷后，在后区扎马尾来固定造型；将卷发抽丝并固定，使其蓬松饱满。

Step 01
将头发用22号电卷棒烫卷，然后分出刘海区。

Step 02
将剩余的头发用皮筋扎成马尾并固定于顶区。

Step 03
从马尾中分出一个发片，以马尾扎结处为中心进行固定。

Step 04
将剩余的头发在发包的顶部做打卷处理。处理时根据发包的饱满度进行叠加固定。

Step 05
将马尾处理好之后，将刘海区的头发向后以同样的方式打卷。打卷时要保持原有烫发的纹路及蓬松度，用发卡固定，同时隐藏发卡。

Step 06
将精致的丝带固定在发包的前端，以区分刘海区与发包，最后将其系成蝴蝶结并固定。

Hairstyle 31

法式唯美高盘发造型

造型手法：①扎马尾。②打卷。③抽丝。

造型技巧：整个造型基本是以前期烫发原有的纹理为基础的。先将刘海区分离出来，将后区马尾随意扎好，再利用发丝原有的纹理定型即可。

01

Step 01

将头发用22号电卷棒烫卷，然后分出前区的头发。接着将后区的头发扎成马尾并固定于顶区。注意适度地抽松发丝。

02

Step 02

以马尾扎结处为中心，利用头发的卷度做成卷筒并固定。

03

Step 03

继续取发片，进行打卷处理。注意根据发包的饱满度进行固定。

04

Step 04

处理发包时，要随时注意使发包呈一个圆弧状。

05

Step 05

在前后分区的位置戴上饰品。

06

Step 06

将处理之后的发卷统一进行调整，使造型从每个角度看上去均呈圆润饱满的状态。然后喷发胶定型。

Hairstyle 32

高发髻盘发造型

造型手法：①扎马尾，②两股拧绳编发，③抽丝，④打卷。

造型技巧：高发髻盘发造型通常需要将一条马尾拧绳作为基底，然后分层次将其余的头发固定在基底发髻上，最后使头发蓬松饱满。

01

02

Step 01

将头发用25号电卷棒烫卷，然后取顶区的头发，扎成马尾，用皮筋固定。

Step 02

将扎好的马尾分为均匀的两股。

03

04

05

Step 03

采用两股拧绳的手法向同一方向将两股头发交叉拧绳。

Step 04

将拧好的辫子抽松，使辫子蓬松且有线条感。

Step 05

将抽松的发辫打卷并固定在马尾处，以遮掩皮筋。

Step 06 ─────────

在左前区取发片，将其向内打卷，以发包为
中心点固定。

Step 07 ─────────

在右前区取发片，向内打卷并固定。要注意
发片与顶区发包自然衔接。

Step 08 ─────────

下发卡固定后，将剩余的头发以同样的手法
继续打卷，固定在卷与卷之间的空隙位置。

Step 09 ─────────

继续取发片，向发包处进行打卷。

Step 10 ─────────

下发卡固定发卷，同时隐藏发卡。

Step 11

继续取发片，以打造发髻。将剩余的发尾留至最后，用于填补空缺位置。

Step 12

取发片进行打卷处理时，注意保持发髻的饱满度。

Step 13

以同样的手法对左侧的发片进行处理。随时注意使发髻呈圆弧状。

Step 14

将左侧剩余的头发以同样的手法向发包处固定。

Step 15

将剩余的发尾向上打卷，对发髻进行调整，避免发髻出现空缺或过于扁平的现象。

Step 16 ————
将发尾向上打卷时，注意固定发卡的位置，
要保证将发卷固定牢固，同时隐藏发卡。

Step 17 ————
将剩下的发尾打卷并固定在头发的空隙处，
以保证造型饱满。

Step 18 ————
将处理之后的发卷进行调整，使造型从每个
角度看上去都呈圆润饱满的状态。

Step 19 ————
将马尾处理好之后，将刘海区的发尾向后固定。
固定时，要确保刘海区的蓬松度，不要太伏贴。

Step 20 ————
喷发胶，固定发丝，然后将鲜花配饰戴在造
型的右侧，使造型更显优雅浪漫。

Hairstyle 33

高马尾盘发造型

造型手法：①扎马尾，②烫卷，③拧包。

造型技巧：扎马尾的时候要注意头发的饱满度与蓬松度，将刘海区的头发用发蜡处理成想要的状态。

Step 01 ————

将头发用25号电卷棒横向往前烫卷，然后将烫好的头发扎成高马尾，使马尾位于顶区。

Step 02 ————

将马尾梳顺，梳出纹理。

Step 03 ————

倒梳马尾，使其表面干净而光滑。

Step 04 ————

将倒梳的头发以拧包的手法固定在马尾处。

Step 05 ————

将马尾剩余的发丝用发卡固定。

Step 06 ————

在马尾发包顶部下发卡固定，使发包圆润饱满，与头发更贴合。最后戴上网纱饰品，增加造型朦胧的美感。

优雅盘发系列

Hairstyle 34

唯美低盘发造型

造型手法：①烫卷，②两股拧绳编发，③抽丝。

造型技巧：这款造型整体给人一种干净的感觉，所以对于发丝的纹理和碎发的处理很关键，对两股拧绳发辫抽丝时要适度，要保证造型的干净度。

Step 01

将头发用22号电卷棒烫卷并用尖尾梳梳顺，然后将头发分为前后两个区。在后区左侧分出两股头发。

Step 02

采用两股拧绳的手法对后区左侧的头发进行编发，然后将编好的辫子适当抽松，下发卡将其固定在枕骨区。

Step 03

将后区右侧的头发以同样的方式进行编发并固定。从后区左侧继续取发，进行编发。

Step 04

将后区剩下的头发用同样的手法编发并固定。

Step 05

在左侧前区取发片，然后采用两股拧绳的方法向后编发，将其固定在需要填补空缺的位置。

Step 09

边喷发胶边调整造型的饱满度，使整个造型从每个角度看上去都自然饱满，最后戴上饰品。

Step 06

将抽松的头发向上卷，同时调整发卷的饱满度及边缘的弧度。

Step 07

将刘海区的头发向后平拉，适当遮挡发际线，然后挨着后区的盘发进行固定，使发片与盘发之间自然衔接。

Step 08

将右侧前区的头发以同样的方法进行处理，调整好刘海的弧度。

Hairstyle 35

空气感低盘发抽丝造型

造型手法: ①烫卷, ②倒梳, ③两股拧绳, ④抽丝。

造型技巧: 这款造型最终要呈现随意、自然的感觉, 所以在运用抽丝手法的时候应该格外注意, 同时要留下一些灵动的发丝。

Step 01
将头发用22号电卷棒以外翻的手法烫卷。

Step 02
将头发分为前后两个区，然后在后区顶部横向分出发片，均匀地倒梳。

Step 03
将倒梳后头发的表面梳理光滑，然后将其扎成低马尾。将头发的表面适当抽松，使其更显随意。

Step 04
在马尾中取头发，进行两股拧绳处理，然后将拧好的发辫适当抽松。

Step 05
将抽松后的头发缠绕在马尾处并固定。

Step 06
将马尾剩余的头发采用同样的手法进行编发。

Step 07
将拧好的发辫适当抽松，以同样的方式缠绕在马尾处并固定。

Step 08

在左前区竖向取头发，然后用两股拧绳的手法编发，并适当抽松发丝。

Step 09

将抽松的头发从上至下打卷并缠绕在之前固定的发卷周围。

Step 10

在右前区竖向取头发，以同样的手法进行处理。

Step 11

固定时需注意发髻的形状，发辫之间的衔接要自然。

Step 12

将左前区剩余的头发以旋转打圈的方式处理并在侧面下发卡固定。要注意发卷与发卷之间自然衔接。

Step 13

将右前区剩余的头发以同样的方式进行处理。在边缘处适当留出少许碎发，让其更显随意、灵动。

Step 14

喷发胶，固定头发，并适当进行调整。最后戴上饰品。

Hairstyle 36

两股编发盘发造型

造型手法：①烫卷，②两股加编。

造型技巧：这款造型以顶区为中心点，两边运用两股加编的手法围绕顶区的马尾进行编发；根据整体造型的形状抽丝并调整纹理。

Step 01

将头发用22号电卷棒烫卷并用尖尾梳梳顺。在顶区取头发，扎成马尾并固定在枕骨处。

Step 02

将左侧刘海区的头发分为均匀的两股。

Step 03

将分好的头发连同左侧剩余的头发用两股加编的手法编发。

Step 04

将辫子沿固定马尾的皮筋底部继续编发，使其覆盖皮筋，与顶区的头发自然衔接。

Step 05

将编好的辫子整理好并固定在右侧区。

06

07

Step 06

将右侧刘海区的头发分为均匀的两股。

Step 07

将分好的头发连同剩余的头发用两股加编的
手法编发。

08

09

10

Step 08

编至耳后位置时,沿上一缕头发的底部继续
编发,使其自然衔接。

Step 09

将编好的发辫绕至左侧并用发卡固定。固定
时需要隐藏发卡,同时确保发辫之间自然衔接。

Step 10

调整顶区头发的饱满度,用花饰点缀造型。

Hairstyle 37

清新浪漫盘发造型

造型手法：①三股加编，②单结。

造型技巧：从两边分别开始采用三股加编的手法编到后发际线底部；将两条发辫打结并固定，最后抽丝拉松，打造出蓬松的效果。

Step 01
将头发用22号电卷棒烫卷，将其梳顺。

Step 02
将刘海三七分开，然后将右侧刘海区的头发用三加二的手法编发。

Step 03
将发辫沿发际线编至脑后。编发时要注意取发均匀，保持发辫松紧有度。右侧的头发编至发梢后，用皮筋固定。

Step 04
将左侧的头发以同样的手法处理。

Step 05
将左右两边的发辫整理好。

Step 06 ———
将左右两条发辫交叉处理。

Step 07 ———
将左右两条发辫用单结法交叉并提拉。

Step 08 ———
将辫子向下翻转，将其固定在下方发际
线处。

Step 09 ———
将辫子的发尾固定在单结发髻的下方。

Step 10 ———
将剩下的发辫做同样的处理并固定在单结发
髻的上方。固定时需要隐藏发卡，并适当调
整造型，使整个造型饱满、蓬松。

Step 11 ———
取几朵鲜花，点缀在造型上，使造型更显甜
美、浪漫。

Hairstyle 38

三股编发低盘发造型

造型手法：①三股加编，②抽丝，③8字卷。

造型技巧：整体造型分为三个区域，都是以三股加编的手法进行编发；将中间区的发辫作单发髻处理，两边的发辫围绕发髻固定，最后进行抽丝处理。

Step 01
将头发用22号电卷棒烫卷并用尖尾梳梳顺。

Step 02
在顶区取发片，然后用三加二的手法编发并适当抽松发丝，使发辫更饱满。

Step 03
将剩余的头发以三股辫编发的手法编至发尾，然后以8字卷的形式打卷，将其固定成发包。

Step 04
在右侧刘海区取发片并分为均匀的三股。

Step 05
将所取的头发用三加一的手法沿发际线编至耳后。编发时要注意取发均匀，适当抽松发丝。

Step 06
将编好的发辫环绕并固定于发包上。固定时注意发包的饱满度。

Step 07
将左侧刘海区的头发以同样的方式处理。

Step 08
将编好的发辫环绕并固定于发包上。注意用辫子填补空缺处并将其固定，固定时隐藏好发卡。

Hairstyle 39

优雅低发髻头纱造型

造型手法：①三股加编，②拧绳，③8字卷。

造型技巧：低发髻主要运用8字卷拧绳的方法打造，然后下发卡固定，注意用U形卡固定头发会更牢固。

Step 01

用25号电卷棒将发尾烫卷，将头发分为前后两个区。将后区的头发扎成低马尾，用皮筋将其固定。

Step 02

将左前区的头发分为均匀的三股。

Step 03

将分好的头发采用三加一的手法编发。

Step 04

继续加发，进行三加一编发。

Step 05

将发辫编至耳后，然后以三股辫编发的手法编至发尾，接着绕在马尾扎皮筋的位置并固定。

Step 06

将右前区的头发以同样的手法进行编发。

Step 07

将编好的发辫围绕马尾扎结处进行缠绕并固定。

Step 08

在马尾中取发片，做拧绳处理。

09

10

Step 09

将拧好的发辫以8字卷的形式固定在马尾处，确保其自然衔接。

Step 10

将发尾用U形卡固定好。

Step 11

继续在马尾中取发片，拧成发辫。

Step 12

同样以8字卷的形式将拧好的发辫固定在马尾处，要确保发髻饱满。

11

12

13

14

Step 13

将剩余的头发用两股拧绳的方式编发。

Step 14

采用同样的手法将剩下的头发全部编好。

Step 15

将编好的头发固定在发髻的下半部分，使其更饱满。

Step 16

喷发胶并调整造型的饱满度，要确保发髻与头发之间自然衔接。最后戴上头纱饰品。

15

16

Hairstyle 40

优雅低发髻蕾丝造型

造型手法：①烫卷，②打卷。

造型技巧：整体造型除了前面的烫卷外，都是采用打卷的手法进行处理，注意打卷要衔接自然；在固定好发饰之后，将刘海区的头发烫出纹理。

Step 01

将头发用22号电卷棒烫卷并用尖尾梳梳顺，然后将头发分为前后两个区。接着在后区左侧取发片，向上打卷并固定。

Step 02

在后区右侧取发片，同样以向上打卷的方式固定，然后将剩余的发尾以连环卷的形式进行打卷处理。

Step 03

将后区剩余的发片以同样的方式处理，直至将后区的头发全部固定成形。

Step 04

将左前区的头发以打卷的方式固定于后区的发包上，发尾同样用连环卷的方式固定。要注意连环卷与发包自然衔接。

Step 05

将右前区的头发以同样的方式处理并固定。

Step 06

选择圆形皇冠配饰，佩戴在前后区分界线处。

Step 07

用19号电卷棒将前区剩余的头发向后烫卷，调整发丝并喷发胶定型。

中式秀禾系列

Hairstyle 41

高贵端庄秀禾造型

造型手法：①拧包，②三股辫编发，③卷筒，④真假发结合。

造型技巧：中式秀禾造型经常会用到真假发结合的手法，处理的方法是先将真发定型好，然后固定好假发，最后用真发修饰假发。

Step 01

将头发分为前区、左后区、右后区三个区。
将左后区的头发梳顺，以拧包的方式向上提
拉，用发卡将其固定。

Step 02

将后区剩余的头发梳顺，以同样的方式向上
卷起并固定。拧包后要确保发包的表面光滑
圆润，自然饱满。

Step 03

将拧包后剩余的发尾编成三股辫，用皮筋将
其固定。将发辫向上绕至头顶并固定在顶区。

Step 04

将另一股头发的发尾以同样的方式处理。

Step 05

将左前区的头发梳顺后使其呈扁平状。然后
将发尾向后梳理，用钢夹固定头发的弧度。

Step 06

将右前区的头发以同样的方式处理。

Step 07

将前区剩余的发尾以卷筒状固定。

Step 08

取圆形假发包并固定在头顶的发包上。要注意要使真假发自然结合，使顶区饱满圆润。

Step 09

用发蜡棒将碎发整理干净，使所有头发都呈现出光滑的质感。取下钢夹。

Step 10

佩戴饰品，让造型显得更加高贵端庄。

Hairstyle 42

唯美优雅秀禾造型

造型手法：①扎马尾，②三股辫编发，③拧绳，④卷筒。

造型技巧：中式秀禾造型要求干净利落；用真发来做造型，分区要到位；如果后区的发髻难以固定，可以用小号的鸭嘴夹固定并喷发胶定型。

Step 01

将头发分为前后两个区，将后区的头发用皮筋扎成马尾。然后在左前区取发片并固定在马尾上，注意将发片向后自然平拉，要松紧有度。

Step 02

将右前区的头发以同样的方式处理。

Step 03

将右前区固定在马尾上的一束头发编成三股辫，用皮筋将其固定。然后将编完的发辫向上绕至头顶并固定在顶区。

Step 04

将左前区固定在马尾上的头发以同样的方式处理。

Step 05

将右前区剩余的头发以两股拧绳的手法编至发尾，再以打圈的形式固定在马尾处。

Step 06 ────────
将左前区剩余的头发以同样的方式处理并固定。

Step 07 ────────
在马尾的左侧取一束头发，拧绳并固定。固定时需隐藏发卡，同时要确保发圈饱满。

Step 08 ────────
在马尾的右侧取一束头发，以同样的方式进行处理。

Step 09 ────────
将马尾中剩余的头发分为均匀的两束，以卷筒的形式向上固定。要注意发片干净、不毛糙。

Step 10 ────────
将剩下的一束头发以同样的方式固定好。喷发胶定型后取下钢夹。戴上饰品，点缀造型。

Bride
Headdress

新娘饰品
制作篇

Headdress 1
巴洛克风格金叶子简约头饰

材料与工具

金色小叶子、金色玫瑰花、珍珠、细铁丝、粗铁丝、钳子、剪刀。

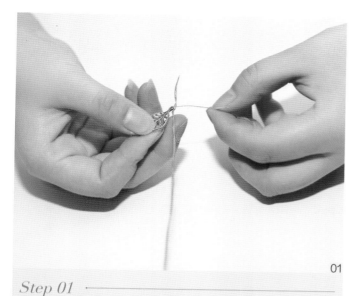

01

Step 01

用细铁丝将金色小叶子固定在粗铁丝上，利用钳子将其拧紧。

02

Step 02

将金色小叶子一左一右地往一个方向依次拧紧，注意层次感。

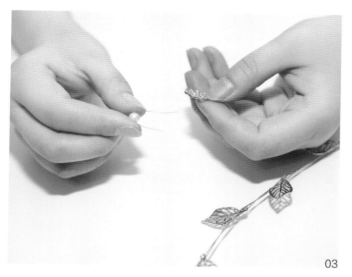

03

04

05

Step 03

用细铁丝穿过珍珠并固定在金色玫瑰花上，形成珍珠花。

Step 04

将做好的珍珠花用铁丝固定在粗铁丝上。

Step 05

将珍珠花固定在几个不同的位置，作为点缀，制作完成。

Headdress 2
简约唯美发带

材料与工具

珍珠大花托、米珠、丝带、弹力鱼线、
胶枪、剪刀。

01

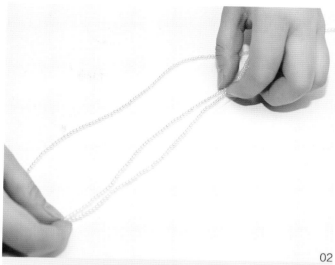

02

Step 01 ————————

用弹力鱼线穿米珠，共穿三条。

Step 02 ————————

将三条米珠和一条丝带平行摆放。注意丝带要长于米珠。

03

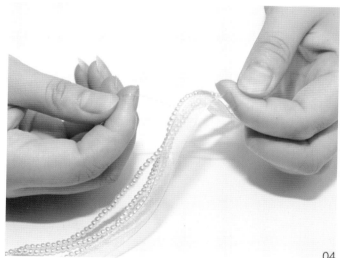

04

05

Step 03 ————————

将大珍珠花托均匀地放在米珠和丝带上。

Step 04 ————————

用弹力鱼线将几个需要固定的点固定好。

Step 05 ————————

用胶枪将大珍珠花托粘贴在系好的米珠结上，制作完成。

Headdress 🌹 3
轻复古网纱头饰

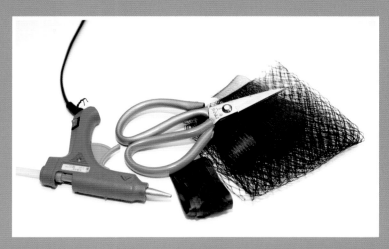

材料与工具

丝带、硬网纱、剪刀、胶枪、针线。

01

02

Step 01

将窄一点的硬网纱折叠成多个蝴蝶结的形状，然后用胶枪固定。可以根据自己的设计随意折叠。

Step 02

将宽的硬网纱以同样的方法折叠并固定，然后将大小不一的两个硬网纱叠加在一起。

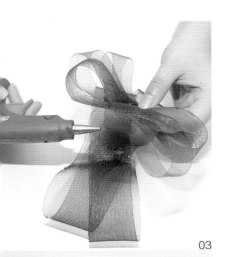

03

04

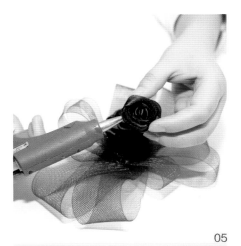

05

Step 03

将硬网纱上下叠加好后，用胶枪固定。

Step 04

将丝带的起点用胶枪黏合，然后折叠出一个玫瑰花形，收尾处也用胶枪黏合。

Step 05

将叠好的两朵玫瑰花用胶枪黏合在叠加好的硬网纱的中心点。

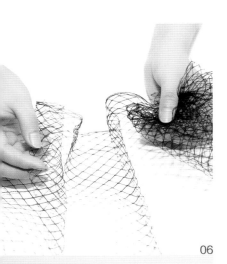

06

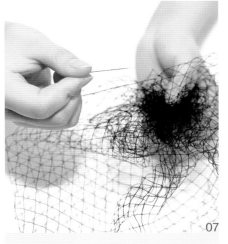

07

08

Step 06

两手握住网纱的边缘，向内随意折叠，抓皱，使其成形。

Step 07

用针线或胶枪将其固定。

Step 08

将硬纱与网纱用针线固定在一起，使结合点更加牢固。

Headdress 4
绒布轻复古发饰

材料与工具

剪刀、烫花器、海绵垫、粗铁丝、细铁丝、金色珠子、卡纸、绒布。

Step 01
用剪刀将卡纸剪出两个大小不一的花瓣模型。然后根据卡纸花瓣在布料上裁剪出同等大小的花瓣。

Step 02
用烫花器在海绵垫上将花瓣烫出弧度。

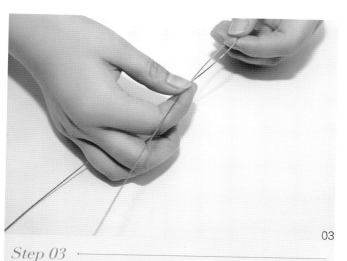

Step 03
将一根稍粗的铁丝对折并拧成一股。

Step 04
用细铁丝穿过金色珠子，然后拧紧三个珠子，作为花蕊。

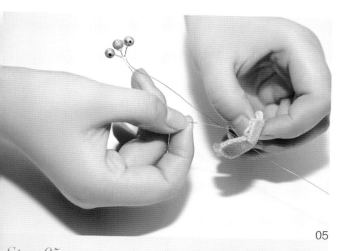

Step 05
将拧好的花蕊铁丝穿过花瓣。注意将两朵大小不一的花瓣重叠在一起，并用铁丝穿过。

Step 06
将拧好的花朵固定在粗铁丝上并绕紧。采用同样的方法再制作几朵大小不同的花朵并错落排列。

Headdress 5
森系唯美皇冠

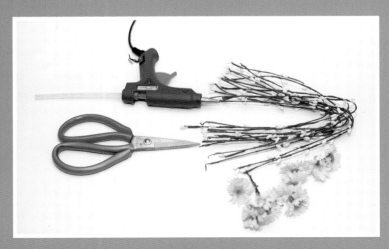

材料与工具

剪刀、胶枪、藤条、花朵。

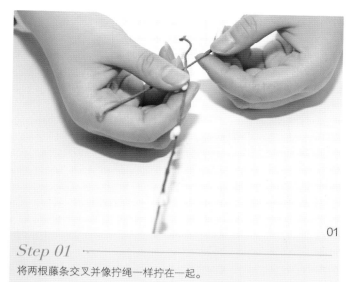

01

Step 01

将两根藤条交叉并像拧绳一样拧在一起。

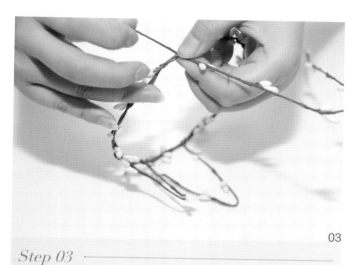

02

Step 02

将拧好的两根藤条绕成一圈，然后把多余的藤条也拧紧。

03

Step 03

将一根藤条拧在圆圈上，做出高低不一的三角形。

04

Step 04

采用同样的方法继续拧出高低不一的三角形。

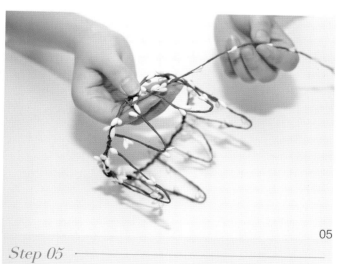

05

Step 05

用一根藤条在大的三角形上拧成Z字形，将其他高的三角形也用同样的
方法处理。

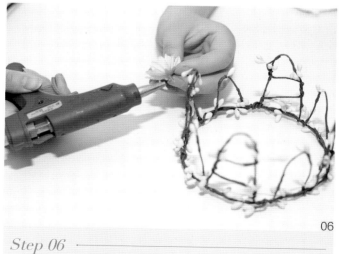

06

Step 06

用胶枪将花朵粘贴在做好的发饰上，根据自己的设计稍作点缀。

Headdress 6
仙美清新头纱

材料与工具

烫花器、电焊笔、针线、纱、欧根纱、
米珠、卡纸、海绵垫、胶枪、剪刀。

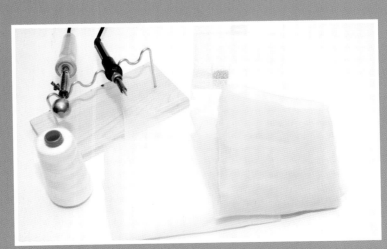

01

02

Step 01

用剪刀在卡纸上剪出两个大小不一的圆形，然后将卡纸压在欧根纱上，用电焊笔沿卡纸边缘划过欧根纱，圆形片即可从纱中分离出来。要注意多烫一些大小不一的圆形片。

Step 02

将烫好的圆形片放在海绵垫上，然后用烫花器压圆形片的中心，让边缘翘起，高温可使花瓣定型。所有花瓣都需要用烫花器烫好。

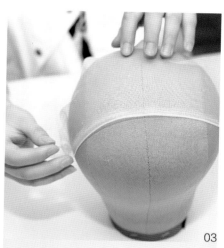

03

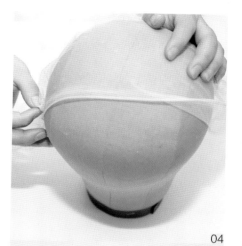

04

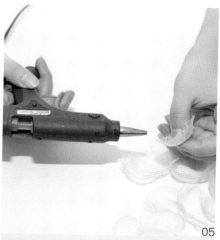

05

Step 03

将头纱放在头模上，用大头针将两边固定好。

Step 04

根据自己的设计在两边的固定处做出一些褶皱效果，用胶枪定型。

Step 05

用胶枪在花瓣的边缘点一些胶，使花瓣与花瓣黏合，叠加出一朵花形。可以多拼几个花朵。

06

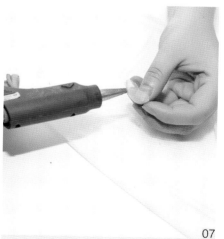

07

08

Step 06

用胶枪将花朵粘贴在头纱上，可以随意摆放，多做出一些层次。

Step 07

将小花瓣分别用胶枪点一些胶，并粘贴在飘下来的纱上，使造型更加富有层次感。

Step 08

用针线穿米珠，将穿好的米珠点缀在头纱的边缘。两种米珠穿插使用会更有层次感。

Headdress 7

仙美小花朵新娘头饰

材料与工具

欧根纱、发梳、水晶、珍珠、水钻、铁丝、钳子、胶枪、镊子、剪刀、打火机。

01

02

Step 01

将小方块欧根纱对折成长方形，然后将左右两边对折成三角形并向下合并，折出立体三角形。接着可以根据自己想要的花瓣大小用剪刀将多余的部分剪掉，剪好之后会有些毛边，可以用打火机小心地烧，使花瓣的边缘黏合。

Step 02

用胶枪将做好的小花瓣中心点黏合。注意只需少量的胶即可。

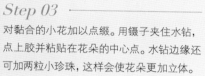

03

04

05

Step 03

对黏合的小花加以点缀。用镊子夹住水钻，点上胶并粘贴在花朵的中心点。水钻边缘还可加两粒小珍珠，这样会使花朵更加立体。

Step 04

用铁丝穿过水晶并将铁丝交叉拧紧，需要拧出多个像树枝一样的枝条。注意珍珠和水晶都需要交叉穿一些，这样层次会更丰富。

Step 05

将拧好的枝条进行组合。注意在进行组合的时候，将珍珠和水晶放在两边。

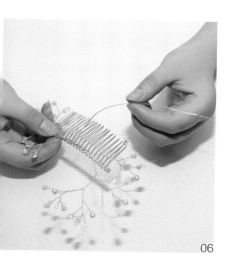

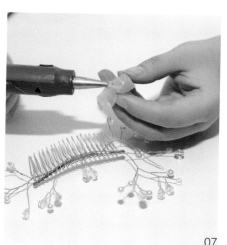

06

07

Step 06

将组合的水晶珍珠用铁丝绕在发梳上并固定牢固。

Step 07

用胶枪将做好的小花粘贴在发梳的梳齿上方。固定花朵时需要错落有致、层次分明。制作一个大头饰和一个小头饰，在做造型时会更方便搭配。

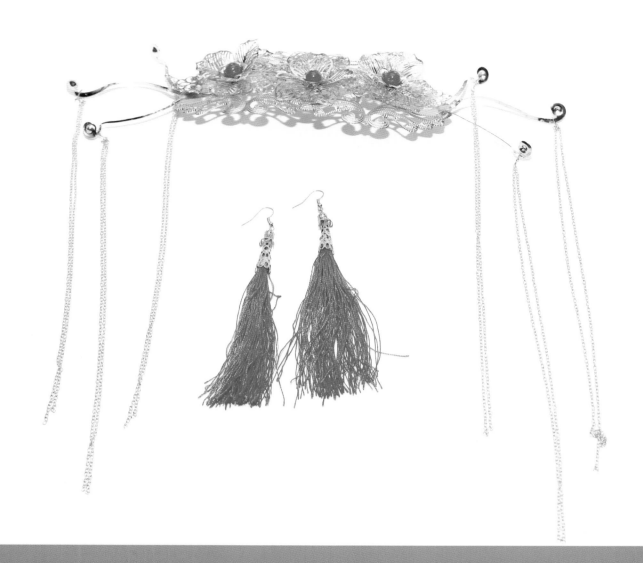

Headdress 8
中式婚礼头饰

材料与工具

铁丝、流苏、珠子、多种中式配件、剪刀、钳子。

01

02

Step 01

将两个凤凰翅膀配件横向用铁丝固定在一起。

Step 02

将六瓣花片和金色大花片同样用铁丝固定在一起。注意一定要找能接合的点，固定后才不会松。

03

04

05

Step 03

将之前固定好的两个配饰结合在一起，同样用铁丝固定结合点。注意一定要固定牢固，不能松动。

Step 04

用小丁字形配件穿过红色珠子并固定在五瓣花和两片三叶花中间，共制作三个。然后将制作好的三个花饰固定在前面做好的配饰上。

Step 05

将凤尾花片固定在前面做好的配饰的两边，凤尾花片可以根据设计的位置进行摆放。

06

07

08

Step 06

将链条对折后扣在9字环的配件上，然后用钳子将9字环的另一端弯折。将制作好的链条分别挂在凤尾花片的三个点上，接着用钳子夹紧，另一侧以同样的方法操作。

Step 07

将发梳用铁丝固定在做好的发饰后面，发饰后面的两边需要一边固定一个。这样方便做造型时下卡子。

Step 08

用9字环挂住流苏上面的两个环，用钳子将其夹紧。然后依次将镂空的桶托、花托和镂空珠子穿在9字环上。接着用钳子将9字环另一端弯折，与耳环扣接合挂好。